EMBELLISSEMENTS D'ORAN

AVANT-PROJET

DE DÉPLACEMENT ET DE RECONSTRUCTION

DU PARC AUX FOURRAGES & DES QUARTIERS DE CAVALERIE

PERCEMENT DU BOULEVARD DU NORD

PROLONGEMENT DU BOULEVARD MALAKOFF

MÉMOIRE DESCRIPTIF

PAR

ÉMILE CAYLA

ORAN

IMPRIMERIE TYPOGRAPHIQUE & LITHOGRAPHIQUE P. PERRIER

15, Boulevard Oudinot, 15

EMBELLISSEMENTS D'ORAN

AVANT-PROJET

DE DÉPLACEMENT ET DE RECONSTRUCTION

DU PARC AUX FOURRAGES & DES QUARTIERS DE CAVALERIE

PERCEMENT DU BOULEVARD DU NORD

PROLONGEMENT DU BOULEVARD MALAKOFF

MÉMOIRE DESCRIPTIF

PAR

ÉMILE CAYLA

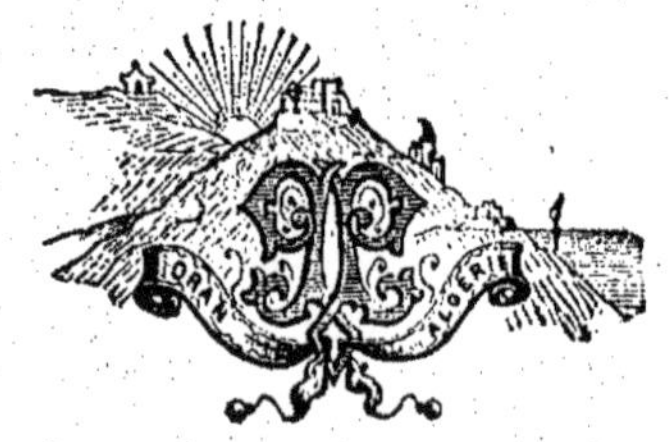

ORAN

IMPRIMERIE TYPOGRAPHIQUE & LITHOGRAPHIQUE P. PERRIER

15, Boulevard Oudinot, 15

1891

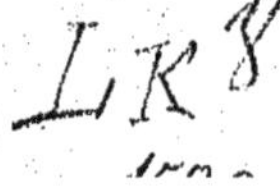

NOTICE

La Ville d'Oran, bâtie en amphithéâtre sur les bords de la Méditerranée s'est développée considérablement depuis la conquête. Située près la frontière du Maroc, à huit heures de l'Espagne, elle a monopolisé le commerce de ces deux contrées.

Son port, construit à grands frais, reçoit et expédie plus de 2,500 navires par an, jaugeant environ trois millions de tonnes. Il occupe le premier rang de tous les ports de l'Algérie et vient en sixième après les plus grands ports de France.

Mais ce qui a surtout le plus contribué à sa prospérité, c'est l'immigration et le mouvement considérable de la population flottante.

Ainsi, la Ville qui comptait une douzaine de mille âmes en 1830; 27,327 en 1861; 34,058 en 1866; 40,674 en 1872; 49,368 en 1876; 59,377 en 1881; 68,149 en 1886, en possède maintenant 85,000.

Les constructions basses, mesquines et pauvres, à l'origine, ont fait place à de beaux immeubles, à plusieurs étages, et leur nombre, sans cesse croissant, est insuffisant pour loger la population débordante.

Par suite, la surface bâtie qui n'était, en principe, que d'une soixantaine d'hectares, renfermée dans la vieille enceinte Espagnole, s'étend maintenant sur quatre cents hectares compris dans les nouveaux remparts, sans compter les nombreux faubourgs extra-muros qui doublent presque cette surface.

On pourrait s'attendre à trouver, dans une ville neuve, des rues bien tracées, larges, aérées, des places spacieuses, de grands jardins publics ; en un mot, le confort des cités modernes ; hélas ! il n'en est rien. Aucun plan d'ensemble n'ayant jamais été élaboré, les propriétaires ont bâti suivant les accidents du terrain, sur l'alignement de leur lot, sans s'occuper des autres ; de sorte que, lorsque l'architecte communal, qui jusqu'alors avait laissé faire, fut appelé à donner un alignement avec un nivellement, il dût s'en rapporter au voisin et laisser au caprice et au hasard, le soin de construire une ville, qu'un travail d'ensemble pouvait faire une des plus belles du monde !

Dans cette confusion, il existe encore bien d'autres lacunes, heureusement fort réparables, telles que l'agglomération des habitations autour des nombreux bâtiments du Génie militaire, Parcs aux fourrages et aux bois, Quartiers de Cavalerie, de l'Artillerie, du Train des Équipages et de la Remonte. Depuis longtemps, les Municipalités qui se sont succédé, ont cherché à mettre un peu d'ordre dans ce chaos et voulu prendre des mesures énergiques pour éviter tôt ou tard, quelque catastrophe ; mais, après tantôt vingt années de négociations, les choses en sont encore à l'état primitif.

Et pourtant, il n'existe pas d'autre moyen pour corriger les fautes impardonnables des anciens architectes, que de s'entendre avec le Génie pour le déplacement de toutes ces installations provisoires qui menacent de devenir éternelles, et d'obtenir de lui la suppression de vieux murs et de leurs zônes de défense, maintenant inutiles, puisque la Ville a pris son essor vers la campagne et qu'il ne s'agit plus que de relier entre elles, les parties d'un tout, qui ne demande qu'à devenir homogène.

Ainsi, le Parc aux fourrages, qui est enclavé dans un beau quartier, dont il est le danger perma nent, isole deux parties qu'il faut absolument rejoindre.

Il avait d'abord été question d'installer ce parc à la sortie de la porte d'Arzew, mais ce point, désigné par la Municipalité, eût présenté demain les mêmes difficultés qu'hier : mauvais emplacement, accès difficile, danger permanent, compliqué du voisinage de la Batterie du Ravin Blanc qui, en cas d'attaque par mer, eût fait des meules les cibles de l'ennemi !

Or, il existe une situation superbe, sur le champ de manœuvres, isolé de la ville, desservi par toutes les grandes voies de l'intérieur, à proximité de la gare du chemin de fer ; cette situation s'impose, elle est choisie et désignée d'un commun accord. L'installation du Parc aux fourrages sur cet emplacement sera bien accueillie par l colons qui pourront faire leurs livraisons extra-muros, sans traverser la ville, en évitant le parcours de plusieurs kilomètres, à travers des rues déjà encombrées.

Le déplacement du Parc aux fourrages entraîne celui des Quartiers de Cavalerie ; l'approvisionnement ne saurait être trop éloigné de la consommation. En outre, il est un fait certain et incontestable : si le Parc aux fourrages est une menace d'incendie, les Quartiers de Cavalerie sont un foyer d'infection.

On avait bien songé à faire des réfections, mais ces réfections n'auraient pas modifié la situation. L'entrave subsistait quand même, la contamination du sol pouvait se communiquer aux bâtiments nouveaux et perpétuer les affections typhoïdes, permanentes et redoutables pour la santé publique,

Du reste, un membre éminent du monde médical militaire, concluait son rapport alarmant, en déclarant que, non seulement il fallait déplacer les casernes, mais encore que, pour assainir les terrains, il fallait faire au moins deux ans de culture successives, avant de les livrer à la construction.

Toutes ces idées ont appelé l'attention du Génie militaire et l'ont amené à employer des terrains réservés depuis plus de trente ans, à la reconstruction des nouveaux Quartiers.

Certains de ces terrains ayant reçu dans l'intervalle, une autre affectation, le plateau du Village-Nègre est retenu pour les Quartiers de l'Artillerie et du Train des Équipages. Le Quartier des Chasseurs serait porté sur le boulevard d'Iéna ; la Remonte à la suite du Parc aux fourrages, au Champ de manœuvres et les Ateliers de l'Artillerie au Polygone.

Au lieu d'une agglomération encombrante et malsaine, les Quartiers seraient ainsi disséminés sur différents espaces et combleraient bien des lacúnes.

Nous avions même pensé que l'installation des Parcs et des Quartiers pouvait se faire ensemble et donner lieu sur le Champ de manœuvres, à la reproduction de l'École Militaire sur le Champ-de-Mars, à Paris. Notre idée n'ayant pas eu de succès, nous nous inclinons devant la décision du service compétent et nous nous disposons à exécuter ses plans et à utiliser les endroits désignés, pour les divers établissements projetés, contre la remise des surfaces occupées actuellement et des parcelles qui devaient être aliénées.

Ces transformations rendront à la construction et à la viabilité des quartiers entiers qui, suivant l'impulsion acquise, relieront tôt ou tard la Ville à Gambetta et permettront l'ouverture du Boulevard du Nord, appelé à devenir la superbe terrasse des Oranais et la grande artère, qui, partant de la Rue Philippe, aboutira directement à Miramar.

Il est, enfin, une autre grande artère qu'il faut surtout prolonger, et dont l'utilité publique n'est pas à démontrer : c'est le Boulevard Malakoff. Construit aussitôt que percé, ou plutôt créé sur le lit du Ravin, il se trouva brusquement arrêté par les anciennes fortifications.

Lors du recul des remparts, cette partie resta intacte ; c'est cependant la moins utile et la plus gênante, puisqu'elle étrangle, pour ainsi dire, le boulevard à sa naissance et coupe, brusquement, le quartier le plus riche et le plus populeux, tandis que les nouveaux remparts allaient englober des terrains excentriques et les parcs, qu'il convient aujourd'hui de déplacer.

Le voisinage du port, la concentration de tous les services publics et financiers, le Tribunal et la Chambre de Commerce, la Préfecture, les Postes et Télégraphes, le gros commerce et la haute Banque, feront toujours du Boulevard Malakoff le grand centre des affaires ; il faut donc absolument lui donner le développement qu'il comporte.

D'un autre côté, la circulation devient impossible ; les rues aboutissant au boulevard sont étroites, tortueuses et rapides ; elles monopolisent tout le mouvement Oranais ; l'humanité exige, qu'à défaut d'espace dans les Rues Philippe ou des Jardins qui, seules, relient la basse ville aux nouveaux quartiers, on crée de nouveaux débouchés.

Or, le seul plan praticable, c'est tout simplement le prolongement du boulevard, qui, reliant directement, par une voie large, spacieuse, plantée d'arbres, arrosable sur presque tout son parcours, l'ancienne ville à des quartiers déshérités, en formera le trait d'union le plus vital, le plus puissant et le plus prospère.

Des rues latérales, des rues transversales, en pente douce, viendront à leur tour soulager les voies pénibles, la plupart impraticables, qui accèdent au plateau. La Route Nationale d'Oran à Tlemcen, au lieu de grimper rapidement et de décrire des méandres fluviaux dans l'ancien tracé, rejoindra la grande ligne au Polygone et, tout en rapprochant considérablement les distances, évitera des rampes exceptionnelles et des coudes à angles droits qui font le désespoir des voituriers.

Ce serait aussi une route stratégique du port au polygone, contribuant au déplacement de la poudrière de Saint-Philippe, dont le danger est autrement grave que celui du Parc aux fourrages.

Du reste, il suffira de jeter un simple coup d'œil sur un plan d'Oran, pour s'apercevoir de la lacune qui existe entre les deux branches du fer à cheval formé par la Casbah et le camp Saint-Philippe, et se demander pourquoi ce vide s'est perpétué quand, au delà, des faubourgs importants se sont construits comme par enchantement et que le Ravin, frappé de stérilité, devrait être le bouquet de la Ville et former une station hivernale des plus renommées !

Poser la question, c'est la résoudre. Que faut-il pour cela ?

Percer les remparts, supprimer les zônes de servitude ; acheter tous les terrains depuis la porte du Ravin jusqu'au Polygone, sur une largeur de 100 à 200 mètres, quelquefois plus, suivant l'avenir réservé au développement des nouveaux quartiers ; tracer le boulevard et les rues adjacentes ; faire les travaux de maçonnerie pour faciliter les remblais et rendre les terrains vendables. Subsidiairement, faire prendre en charge par qui il appartiendra, les égouts, les canalisations d'eau et de gaz. Et, en quelques mois, transformer compètement la Ville, tel est le programme succinct d'un projet aussi grandiose qu'intéressant.

MÉMOIRE DESCRIPTIF

I

Établissements Militaires

Le Génie Militaire et la Municipalité sont d'accord pour le déplacement et la reconstruction des établissements suivants :

Le Quartier d'Artillerie et le Train des Équipages sur le Plateau du Village-Nègre, du Boulevard de Mascara au Boulevard du Sud, avec façade sur ces deux artères et entre une rue projetée, passant derrière la Lunette Saint-André et la Rue d'Arbal.

Le Quartier de Cavalerie entre le Boulevard d'Iéna et le Boulevard de Sébastopol, sur un terrain communal, qui donnera lieu à des compensations en nature, par la remise des parcelles rendues disponibles, des emplacements réservés autrefois pour les nouveaux bâtiments, tels que le Plateau des Arènes, l'ancienne Lunette Saint-André et même les Bureaux de la Place d'Armes.

Le Parc aux fourrages à la sortie de la Porte de Valmy, en longeant le mur des fortifications, sauf à modifier le chemin du Cimetière. La Remonte serait comprise dans le groupement et isolerait le Parc proprement dit, du voisinage de l'Hôpital Civil.

Enfin, les Ateliers de l'Artillerie seraient transportés au Polygone, après Eckmühl, sur la route de Tlemcen.

C'est le Génie qui a lui-même désigné ces points ; c'est le Génie qui a dressé son projet et qui le fera exécuter par ses soins et sous sa surveillance. A cet effet, il traite directement avec la Ville pour les voies et moyens d'exécution.

Le principe a été adopté par le Conseil Municipal dans sa séance du 24 avril 1891. Monsieur le Maire a été autorisé à traiter sur les bases proposées par le Génie, moyennant une participation de l'État dans le chiffre de la dépense, par la remise de différentes parcelles de terrains, en outre de ceux occupés par les établissements actuels, suivant les évaluations domaniales. Dans sa séance du 15 mai, le Conseil Municipal a autorisé le Maire à traiter avec l'Artillerie, en ce qui concerne les Ateliers.

Nous déclarons accepter purement et simplement les conventions à intervenir entre le Génie, l'Artillerie et la Ville et nous engager à verser les sommes qui seront arrêtées d'un commun accord et qui donneront lieu à un forfait définitif, ne laissant prise à aucun aléa ni à aucunes réserves autres que celles stipulées entre les parties contractantes, qui serviront elles-mêmes de base a notre traité avec la Ville.

La Société fournira immédiatement les fonds à la Ville et elle recevra de ses mains les terrains rétrocédés par le Génie et l'Artillerie, au fur et à mesure de leur évacuation ; et ce, dans un délai de deux années, à partir de l'approbation des conventions.

Les parcelles de la Lunette Saint-André resteront acquises à la Ville, en compensation des terrains communaux abandonnés pour l'installation du Quartier des Chasseurs au Boulevard d'Iéna.

Toutes les autres parcelles expropriées sur le Domaine par le Génie ou le Domaine par l'Artillerie seront, après leur évacuation, la compensation des sommes avancées par la Société.

II

Boulevard du Nord et ses Annexes

La vieille ville communique avec les hauts quartiers par la Rue Philippe, la Rue des Jardins et la Rue du Port. Toutes ces artères aboutissent au même point : la Place d'Armes ; mais aucune n'est facilement accessible à cause de la différence d'altitude trop sensible sur un aussi petit parcours.

Un seul tracé aurait pu modifier la grande viabilité ; il aurait fallu faire la reproduction du Boulevard de la République à Alger, en créant un boulevard au-dessous de la Promenade Létang, avec magasins-entrepôts en bas et constructions en terrasse en haut, jusqu'au niveau des plate-formes, pour en étendre la surface et faire contourner ce boulevard près de l'Usine à Gaz, par la rive droite de l'Aïn-Rouïna, pour le raccorder par le Boulevard du Lycée et la Rue de la Paix avec le Boulevard Seguin, et par la Rue Paixhans avec la Vieille Mosquée.

Au lieu de ce tracé, la route, obtenue sans doute par des crédits limités, remontant rapidement par les fossés du

Château-Neuf, il n'y a plus qu'à chercher une voie mixte pour mettre les quartiers moyens en communication directe et créer un palier dans des parages trop étagés.

Le Lycée et la Vieille Mosquée sont inabordables. Le Boulevard du Lycée, quoique projeté, n'est pas destiné à remédier à l'éloignement normal de ces points importants. Il y a lieu de combler cette lacune.

Nous avons appliqué l'idée émise par M. Laurent Fouque, Maire d'Oran, de créer un boulevard partant de la Cannebière au front du Château-Neuf avec la Rue Philippe élargie à l'alignement de l'École Bastrana. La rampe ne pouvant être modifiée, puisqu'il faut suivre la Rue Philippe et la laisser se continuer, de la Rue de la Mosquée à la Place d'Armes, il n'y a qu'à franchir l'espace qui sépare la Cannebière de la Route du Port, en nivelant ces deux points ; combler le ravin jusqu'à l'angle du Lycée, prendre la Rue Paixhans élargie, la Rue de la Vieille-Mosquée, couper le Quartier des Chasseurs pour aller rejoindre le *Boulevard du Nord* existant à Miramar (ce qui nous a fait conserver ce nom, n'ayant pas la prétention de baptiser des artères que nos édiles sauront dénommer plus spécialement), au moyen d'un nouveau remblai, sur le Ravin de la Cressonnière.

Ensuite, traverser le rempart pour suivre en terrasse sur la mer, jusqu'à l'ancien hippodrome, en comblant le Ravin Blanc et en franchissant le chemin de fer au moyen d'un pont.

L'achèvement de cette artère constituerait une belle promenade pour les cavaliers et les voitures, qui, partant du centre de la ville, se rendent à Gambetta, fréquenté toute l'année et faciliterait surtout l'accès du Lycée par un raccourci de plus de 500 mètres, de chaque extrémité. Il améliorerait considérablement la viabilité des bas quartiers vers les quartiers moyens et mettrait la Vieille Mosquée et Miramar en communication directe avec la ville, tout en soulageant les carrefours de la Place d'Armes, du Boulevard Seguin et la Rue d'Arzew, d'une affluence encombrante et dangereuse.

Enfin, par suite de la mise en valeur des terrains du parc aux fourrages et des Casernes, le Boulevard du Nord est appelé à un grand avenir et ne saurait être mieux comparé qu'au Boulevard de la République à Alger ou à la promenade des Anglais à Nice.

Cette belle voie ne comptera pas moins de 2650 mètres de longueur dans la partie projetée, par trois lignes brisées à angles très obtus ; elle pourra encore se poursuivre plus tard sur 650 mètres en ligne droite sur la troisième section, comprenant déjà 1350 mètres et former un alignement de 2000 mètres ; ensemble 3300 mètres, certainement la plus longue qui puisse jamais se créer sur le plan accidenté d'Oran.

La largeur est forcément réduite à 14 mètres, par suite des points obligés ou des difficultés de raccordement ; mais nous avons projeté de construire en façade des maisons à arcades, si utiles et si agréables dans notre pays du soleil. Ce système si pratique pour s'abriter aussi contre les pluies hivernales, a fourni l'appoint le plus important du contingent étranger de la Station d'Alger ; il a contribué dans une large mesure à donner à cette ville un cachet grandiose et artistique, que nous ne saurions toujours lui envier, puisque nous pouvons l'imiter !

Cette application des arcades, que la Municipalité peut imposer, en vertus des moyens coërcitifs dont elle dispose et que, du reste, la Société obligerait ses acquéreurs à exécuter, donnerait ainsi au nouveau boulevard une largeur de 19 et de 24 mètres, sans rompre l'harmonie des lignes de façade qui seraient toujours espacées des 14 mètres réglementaires.

Reprenons maintenant les détails du tracé.

De la Rue Philippe à la Route du Port, sur une longueur de 180 mètres, avec une largeur de 14 mètres, dont 8 mètres pour la chaussée et deux trottoirs de 3 mètres chacun, le boulevard aura deux pentes, l'une en montant de la Rue Philippe à la rue des Remparts ; l'autre en descendant de la Rue des Remparts à la Route du Port, en passant de la cote 61.81 à la cote 64.07.

Sur cette première partie, les seules constructions possibles seront les angles de la Rue Philippe, sur les immeubles acquis. Le surplus sera formé par un mur de soutènement du Jardin du Cercle Militaire.

L'Avenue du Château-Neuf sera raccordée par une pente douce, au moyen de l'abaissement incliné de la chaussée actuelle ; il en sera de même de la Rue des Remparts, dont la différence sera beaucoup plus sensible.

De la Route du Port au Lycée, sur une longueur de 210 mètres, le boulevard suivra le même alignement et comportera un seul rang de constructions à arcades, à droite, en façade sur la mer ; la gauche sera limitée par une balustrade en fonte avec piliers en pierres de taille, supportant des colonnes pour réverbères. Le ravin sera franchi en remblais encaissés, entre un triple rang de murs de soutènement, formant les fondations des constructions futures.

Les arcades auront 5 mètres du mur intérieur à la façade extérieure. La chaussée aura 8 mètres avec rigoles ; il restera sur la gauche un vaste trottoir de 6 mètres. — Ce trottoir sera la véritable terrasse Oranaise. — Il dominera la promenade Létang, contournant le Ravin jusqu'à la mer.

Bien que la largeur du boulevard soit toujours de 14 mètres, elle sera cependant élargie des 5 mètres en arcades, formant ainsi une voie totale de 19 mètres.

La pente de la cote 64,07 à celle de 61,20 au seuil du Lycée, fléchira légèrement vers le thalweg du ravin, pour l'écoulement des eaux.

Les déblais de la première partie et ceux de la troisième, ci-après décrite, formeront un cube suffisant pour la traversée du Ravin, limité par les deux murs dont il vient d'être parlé.

Dans ce parcours aboutiront : la Rue N..., le Boulevard du Lycée et la Rue de la Paix.

De l'angle du Lycée à la rencontre du prolongement du *Boulevard du Nord,* existant à Miramar, sur une longueur de 910 mètres ; il y aura deux rangs de constructions à arcades, sauf l'espace occupé par le Lycée.

Le tracé suivra à gauche l'alignement du mur de cet établissement, à partir duquel la largeur de 14 mètres ira prendre une ligne parallèle sur les terrains du Parc aux fourrages, de l'autre côté de la Rue Paixhans élargie, jusqu'à l'entrée de la Rue de la Vieille-Mosquée, qui se trouvera redressée et nivelée et atteindra ainsi par un autre rang d'arcades, entre façades intérieures, la plus grande largeur de 24 mètres.

La pente de la cote 61,20 fléchira jusqu'à la traversée de la Rue de la Mina, pour retrouver la cote 60,63 au Boulevard des Chasseurs et 60,87 à la ligne de raccordement.

Dans ce parcours, aboutiront : les Rues du Parc (nouvelle), Lamoricière, du Tivoli, Thierry, de la Remonte, d'Aumale, Beranger et le Boulevard des Chasseurs. Celles de gauche, la plupart ruelles innommées, sauf la Rue de la Mina, formeront le prolongement régulier de leurs vis-à-vis, pour donner la vue de la mer et sa brise rafraîchissante à tout le quartier.

De l'angle formé par le prolongement de la ligne de Miramar et celle déjà décrite, le boulevard devient droit jusqu'à son extrémité. Il rencontre le Boulevard du Tivoli, suite de la Rue Béranger, destinée à relier la gare des marchandises, la Route de Mostaganem et la Rue d'Arzew, au port. Il prend alors un autre aspect : en façade sur la mer à gauche, avec la terrasse à balustrades à la limite du talu du Chemin de fer, sa rangée de constructions coquettes, élégantes et capricieuses : genre villas, hôtels particuliers, châteaux et maisons de plaisance, entourées de jardins fleuris et ombreux, il deviendra le *buen retiro* de la Société mondaine et affairée de la citée.

Quelques notabilités remarquables, MM. Krieger, Monbrun, Galens, Bethenot, Jacques, etc., dont nous ne voudrions pas troubler la modestie ont déjà donné l'exemple. Il sera certainement suivi par la bonne compagnie.

La chaussée aura 8 mètres de largeur, le trottoir de droite 1 mètre et celui de gauche 5 mètres.

La pente de la cote 60,87 fléchira pour combler le Ravin de la Cressonnière au moyen d'un remblai, avec ponceau et murs de soutènement ; elle reprendra le nivellement de la partie existante du *Boulevard du Nord,* coupera les fortifications à l'extrémité de Miramar, qui seront remplacées par une Grille de Ville, à trois ouvertures, entre le fortin et le talus du chemin de fer, à la cote 60,00 pour traverser le Ravin blanc, au moyen d'un ponceau à grande ouverture et de remblais retenus par deux murs de soutènement, pour franchir ensuite la tranchée du chemin de fer à la cote 70,00 au moyen d'un pont d'une seule arche.

Enfin, le tracé suivra, jusqu'à la cote 80,00, point d'arrêt momentané de cette ligne déjà si longue et si variée dans tout son parcours, avec des échappées admirables qui feront, nous l'espérons, de cette voie, une des plus fréquentées du monde sportique, de même que la promenade, festivale de l'intéressante population ouvrière, qui aura, la première, contribué à son édification par un travail constant de plusieurs années.

LES NOUVELLES RUES

La Rue *du Parc*, créée pour le lotissement du Parc aux fourrages, aura une longueur de 162 mètres sur une largeur de 11 mètres, par 7 mètres de chaussée et des trottoirs de 2 mètres. La pente est toute indiquée : elle suivra l'inclinaison de la Rue des Casernes au Boulevard du Nord.

La Rue *Lamoricière* sera prolongée jusqu'au Boulevard du Nord, sur une longueur de 156 mètres par une largeur de 6 mètres, dont deux trottoirs de $0^{m}50$ centimètres, toujours avec la même pente.

Deux rues transversales sont obligatoires entre la Rue du Parc et la Rue Lamoricière, pour faciliter l'aération et le jour des futures constructions.

La Rue *des Casernes* sera prolongée du Boulevard des Chasseurs au Boulevard du Tivoli à l'alignement extérieur du Château Manégat sur une longueur de 245 mètres par 11 mètres de largeur, dont 7 mètres de chaussée et deux trottoirs de 2 mètres. La pente est suffisante pour l'écoulement des eaux de chaque côté.

La Rue *de la Bastille* suivra, à travers l'immeuble Rodier jusqu'au Boulevard du Tivoli, à l'alignement de la Villa Rimbaud, sur une longueur de 480 mètres, avec une largeur de 6 mètres, dont deux trottoirs de $0^{m}50$ centimètres.

La Rue *Marceau*, 130 mètres de longueur sur 10 de largeur, dont 6 mètres de chaussée et deux trottoirs de 2 mètres, joindra la Rue d'Arzew à la Rue des Casernes, en pente dans le même sens.

Le prolongement de la Rue *Arago*, de la Rue d'Arzew au Boulevard Maritime, aura 300 mètres de longueur sur 10 mètres de largeur par 6 mètres de chaussée et deux trottoirs de 2 mètres, en suivant la pente du sol naturel.

Le *Boulevard des Chasseurs*, presque inconnu de la plupart des Oranais, viendra se raccorder perpendiculairement à la Rue d'Arzew, avec une longueur totale de 350 mètres, sur une largeur de 56 mètres, dont 10 mètres pour les deux rangs d'arcades, deux chaussées de 8 mètres en bordure et un promenoir planté d'arbres, de 30 mètres.

La pente s'inclinera légèrement vers la mer, dont on apercevra l'immensité, limitée d'un côté par les Ports d'Oran et de Mers-el-Kebir.

Cette artère s'imposait; il était incompréhensible, en effet, que Karguentah, se trouvant au-dessus de la mer, n'eût aucune voie lui permettant de s'en rapprocher et que les habitants qui l'ont à deux pas, fussent obligés de faire plusieurs kilomètres pour jouir de sa vue toujours si captivante et si mouvementée!

Le Boulevard des Chasseurs est, pour ainsi dire, le clou du projet. Il deviendra la promenade favorite de tout le faubourg. Sa construction à arcades, des arbres, un kiosque pour la musique, une rotonde avec belvédère à l'extrémité, en feront un lieu de réunion, un champ de foire au besoin, et enfin le débouché des nombreuses ruelles et des cités ouvrières de ce quartier si populeux et si méritant.

Un autre Boulevard, que nous appelons *Maritime* parce qu'il n'est que l'amorce d'une grande artère pouvant, plus tard, conduire de la Gare à la Marine, en modifiant la Rue Béranger d'un côté et en se raccordant de l'autre à la Route du Port.

Le *Boulevard Maritime* aura, du Boulevard du Nord au Boulevard des Chasseurs, une longueur de 360 mètres, en continuant le genre de Miramar; c'est-à-dire, une chaussée de 8 mètres, avec un trottoir de 1 mètre et un autre de 5 mètres, avec balustrade sur le talus du Chemin de Fer.

Tel est l'ensemble de ce magnifique quartier, appelé à transformer la Ville, à l'assainir, et surtout à l'embellir.

Quant à la Rue Philippe, pas de demi-mesure, il ne suffit pas seulement des éléments nouveaux qui lui seront apportés par le percement du Boulevard du Nord ! Il faut que les propriétaires, qui ont réalisé plus de dix fois la valeur de leurs immeubles, sachent se résoudre à les démolir, pour substituer à leurs barraques informes et inhabitables, le luxe et le confort des constructions modernes ! Le jour où ils auront de beaux magasins et de beaux logements, les locataires reviendront, et, avec eux, les anciens revenus !

III

Le Prolongement du Boulevard Malakoff et ses Dépendances

Le déplacement du centre de la Ville, qui a occasionné l'abandon des bas quartiers, notamment de la Rue Philippe et du Boulevard Malakoff, doit être attribué en grande partie, à l'ouverture de la Route du Port. Celle-ci a, en effet, presque absorbé le mouvement considérable, monopolisé autrefois par l'unique grande voie d'Oran ; elle a fait affluer la circulation vers le Boulevard Seguin.

Mais, le marasme des bas quartiers provient aussi de ce que le Boulevard Malakoff, brusquement arrêté à son origine, est resté sans issue. Il est facile de lui donner une autre vitalité, en le prolongeant jusqu'au Polygone d'Artillerie.

Cette idée, déjà présentée à différentes reprises au Conseil Municipal par M. Mathieu, alors Maire d'Oran, a fait l'objet d'un avant-projet émanant des Ponts et Chaussées, relatif à la rectification de la Route Nationale n° 2, d'Oran à Tlemcen, pour lui faire suivre le Ravin Raz-el-Aïn et relier en même temps Eckmühl avec la Marine.

Ce seraient le mouvement et la vie ramenés vers le milieu des affaires ; nul doute qu'avec les grands établissements financiers, la Préfecture, les Postes et Télégraphes et le Palais Consulaire, qui attireront toujours le monde commercial, il n'y ait, aussitôt le boulevard prolongé, une réaction prospère et durable.

La route de Tlemcen résume à elle seule la moitié du trafic de la province ; Eckmühl est devenu le faubourg le plus important d'Oran. En réunissant ces éléments, il est certain que l'on obtiendra le succès qu'on est en droit d'espérer ; d'autant plus que le boulevard prolongé deviendra une des plus grandes et des plus belles artères de la Ville.

Le projet des Ponts et Chaussées, réduit à des proportions économiques, ne prévoyait qu'un prolongement de 372 mètres en ligne droite, avec le boulevard existant et 1647 mètres de route pour arriver à l'École Normale des Filles, avec une rampe moyenne de 0,05 centimètres par mètre.

Ce tracé ne se prêtait pas à notre combinaison, qui consiste surtout dans la création de surfaces utilisables pour la construction. Il n'y avait pas d'emplacements sur le côté gauche, tranché dans la montagne ; ni sur le côté droit, en précipice sur le ravin ; encore moins sur une route serpentant à flanc de côteau, en courbes plus ou moins irrégulières.

Nous avons proposé un tracé plus pratique, à notre point de vue. Nous devons rendre cette justice aux Ponts et Chaussées, c'est que, du moment où le chiffre de la dépense n'était plus limité à des ressources budgétaires, nos modifications ont attiré la bienveillante attention de Monsieur l'Ingénieur en Chef, à la condition expresse cependant, que tous les gros travaux seraient à la charge de l'entreprise et que l'État n'aurait à s'occuper que de la chaussée proprement dite, qui constituerait le redressement de la Route Nationale n° 2, avec un raccourci de 1500 mètres.

Le premier travail consistera dans la canalisation couverte du ravin Raz-el-Aïn, jusqu'au Château d'Eau, sur une longueur de 1200 mètres environ.

Ensuite, la démolition du rempart barrant la place des Quinconces et la substitution d'une grille mobile au lieu de la porte actuelle.

Pour éviter toute solution de continuité nuisible au développement d'une voie nouvelle, il faudra aussi abattre le mur qui forme la bordure de l'extrémité du Boulevard Oudinot et des masures qui le surmontent, pour les remplacer par des constructions en façade.

Ces améliorations comportent la démolition et la reconstruction de l'abreuvoir et du lavoir public, qui ont leur place toute indiquée dans les fossés de la Casbah, à droite et à la sortie de la porte du Ravin.

Le nivellement et l'élargissement de la plate-forme de la première partie du prolongement du boulevard, seront précédés des murs de soutènement construits sur de bonnes et solides fondations, à l'alignement indiqué.

Le boulevard formerait deux coudes forcés : l'un au point de départ, sur une longueur de 550 mètres, par le travers de l'ancien cimetière ; l'autre, sur une longueur de 450 mètres jusqu'au raccordement de la route du Tir au Pistolet.

La largeur serait de 25 mètres, dont 10 mètres de chaussée et des trottoirs de 7m 50 plantés d'arbres.

La rampe, partant de la cote 42 à celle de 82, aurait une moyenne de 0,04 centimètres par mètre.

A partir de la route du Tir au Pistolet, le boulevard cesserait pour faire place à la Route Nationale.

Celle-ci formerait un nouveau coude dans le prolongement du chemin montant du tournant du Ravin, près des fours à chaux du gaz et se dirigeant vers le village Chollet.

Puis, par un autre coude, la ligne se dirigerait vers le Polygone et, par un troisième coude, elle opèrerait sa jonction avec la Route de Tlemcen, à la limite de la propriété Saintpierre.

Ces trois parties auraient une longueur approximative de 1880 mètres, sur une largeur de 12 mètres, dont 8 mètres de chaussée et des trottoirs de 2 mètres.

La rampe, partant de la cote 82 à celle du point le plus bas de la route, soit 140, donnerait une moyenne de 0,03 centimètres par mètre. En aucun cas, elle ne dépasserait jamais les limites des rampes exceptionnelles, ce qu'il était important de réaliser.

Voilà une route stratégique, tant désirée par le Génie, partant du port pour aboutir directement au Polygone.

Les colons de la région y gagneront un parcours de 1500 mètres, à l'aller et autant au retour, pour livrer leurs produits à quai, tout en bénéficiant de l'adoucissement des rampes et en évitant les dangers qu'ils encourent, en suivant les voies ordinaires à travers la Ville.

En outre, pour donner de l'importance au boulevard et lui assurer sa prospérité future, des rues parallèles seraient percées sur les deux versants et constitueraient les amorces d'une station hivernale pleine d'avenir, qui apporterait son puissant contingent à la Vieille Ville et lui rendrait, en peu de temps, sa valeur incontestable et sa vitalité, momentanément enrayée, mais qui se retrouvera bientôt plus forte et plus puissante que jamais !

LES NOUVELLES RUES

La Rue *des Jardins* continuée en sens inverse, franchirait la colline jusqu'au-delà du bassin-réservoir du Camp Saint-Philippe ; elle relierait plus directement la partie centrale du Boulevard Malakoff avec les hauts quartiers, au moyen du prolongement des Rues de l'Aqueduc et de Wagram, à sa jonction avec la Rue de la Révolution.

La Rue des Jardins aurait 500 mètres de longueur sur 10 mètres de largeur, dont 7 mètres de chaussée et des trottoirs de $1^{m}50$. Elle donnerait lieu à une nouvelle porte de ville.

Elle monterait de la cote 43 à la cote 83 avec une rampe moyenne de 0.08 centimètres par mètre.

La Rue *de l'Aqueduc* suivrait le tracé de la conduite d'eau, et son inclinaison, jusqu'à sa rencontre avec le boulevard prolongé ; elle deviendrait ainsi accessible aux voitures sur tout son parcours, jusqu'à la Rue des Jardins, à l'angle de la maison Hentschell. Elle donnerait également lieu à une autre porte de ville.

Elle aurait 530 mètres de longueur sur 8 mètres de largeur, dont 5 mètres de chaussée et des trottoirs de $1^{m}50$.

La rampe serait de 0,001 millimètre par mètre (cotes 64 à 65).

La Rue *de Wagram* serait prolongée au dessous du Camp Saint-Philippe, jusqu'à la rencontre de la route du Tir au Pistolet. Elle relierait directement le quartier Israélite à Eckmühl, au moyen d'une double porte du Camp.

Elle aurait 710 mètres de longueur, sur 8 mètres de largeur, dont 5 mètres de chaussée et des trottoirs de $1^{m}50$.

Elle descendrait de la porte à la rencontre des Rues des Jardins et du Ravin, pour remonter à l'extrémité de son nouveau parcours avec une pente moyenne de 0,05 centimètres par mètre (cotes 100 à 83 et 95).

La Rue *du Ravin* servirait de raccordement entre le Boulevard Malakoff prolongé et la Rue de Wagram prolongée. Elle aurait 220 mètres de longueur sur 8 mètres de largeur, dont 5 mètres de chaussée et des trottoirs de $1^{m}50$.

La rampe serait de 0,03 centimètres par mètre (cotes 70 à 83).

La Rue *du Tir au Pistolet* relierait directement le boulevard jusqu'à sa bifurcation ; et comme elle doit dégager sensiblement la circulation, elle limiterait, provisoirement peut-être, sa largeur qui se diviserait ainsi en deux parties : celle de la Route du Tir au Pistolet, l'artère d'Eckmühl et la Route Nationale numéro 2, continuant son parcours dans la Direction du Polygone.

La Rue du Tir au Pistolet, aurait un tracé nouveau de 200 mètres de longueur, sur une largeur de 12 mètres, dont 8 mètres de chaussée et des trottoirs de 2 mètres.

La rampe serait de 0,09 centimètres par mètre (cotes 82 à 100).

A droite du Boulevard, et presque à angle droit, en suivant la dépression des terrains qui longent les fossés de la Casbah, il y aurait ce que nous avons appelé l'Avenue des Planteurs. — Son nom indique suffisamment le but que nous nous proposons : celui d'assurer rapidement des moyens de communications avec un des plus beaux sites des environs d'Oran !

L'Avenue des Planteurs aurait, en principe, une longueur de 400 mètres sur une largeur de 12 mètres, avec 8 mètres de chaussée et des trottoirs de 2 mètres. Elle pourrait être plantée d'arbres.

Sa rampe aurait 0,05 centimètres en moyenne, par mètre (cote 43 à 66).

Cette avenue donnerait accès aux rues parallèles au boulevard que nous avons projeté : la Rue du Vieux-Château, la Rue Fissa et la Rue

Bellevue. Le Génie Militaire compte l'utiliser aussi pour le service de la poudrière, qui serait installé souterrainement au mamelon de la Lunette de la Campagne, pour déménager celle du Fort Saint-André, si dangereuse pour la ville entière...

La Rue *du Vieux-Château* constituerait le prolongement, à travers le mur de la Casbah, percé d'une porte de ville, de la rue existante, si mortellement frappée par la suppression du Tribunal civil et que l'escalier de la Rue de Rome et nos modifications feront, à coup sûr, renaître de ses cendres.

Elle aurait, de la Casbah à l'Avenue du Murdjadjo, 560 mètres de longueur, sur 8 mètres de largeur, dont 5 mètres de chaussée et des trottoirs de 1m50.

La rampe serait de 0,04 centimètres par mètre (cote 50 à 74).

La Rue *Fissa*, ainsi renommée par la traversée du jardin bien connu, aurait, de l'Avenue des Planteurs à l'Avenue du Murdjadjo, 550 mètres de longueur sur 10 mètres de largeur, dont 6 mètres de chaussée, avec des trottoirs de 2 mètres.

La rampe serait en moyenne de 0,04 cent. par mètre (cotes 56 à 80).

La Rue *Bellevue*, de l'Avenue des Planteurs à l'Avenue du Murdjadjo avec son splendide panorama, aurait 570 mètres de longueur sur 10 mètres de largeur, dont 6 mètres de chaussée, avec des trottoirs de 2 mètres.

La rampe serait de 0m035 millimètres par mètre (Cotes 64 à 84).

Enfin, l'*Avenue du Murdjadjo* partirait du Boulevard Malakoff pour relier les trois rues que nous venons de décrire. Elle formerait plus tard le retour du chemin circulaire de ce bois des Planteurs, dont l'accès est encore interdit aux voitures et même aux piétons maladifs, auxquels il rendrait la santé !

L'Avenue du Murdjadjo longerait l'ancien cimetière, depuis longtemps déclassé, jusqu'à la Rue Bellevue, sur une longueur de 250 mètres, par 12 mètres de largeur, avec des trottoirs de 2 mètres.

La rampe partant de la cote 64 à la cote 84, aurait une moyenne de 0m08 centimètres par mètre.

Cette dernière partie, circonscrite entre l'Avenue des Planteurs et l'Avenue du Murdjadjo, ne tarderait pas à former la station hivernale si désirée des Oranais, et dont les étrangers ont vainement cherché l'emplacement.

De l'air, du soleil, à l'abri de toutes les intempéries, jouissant presque toute l'année d'une température très douce, au milieu d'une végétation luxuriante, toujours printanière, toujours fleurie. Tel est ce coin privilégié, depuis longtemps découvert, mais encore inaccessible, que notre projet va rapidement peupler d'un élément nouveau et envahissant !

CONCLUSIONS

L'affaire a fait grand bruit ; elle nous a suscité quelques attaques qui plaident en faveur de notre cause.

Cependant, des personnages sérieux nous ont objecté que le projet, embrassant de vastes espaces, pourrait apporter une crise immobilière à Oran.

C'est le même raisonnement qu'on nous opposait lors de l'élaboration du projet de l'amenée à Oran des Eaux de Brédéah.

Le résultat, c'est que la Ville s'est étendue de 200 hectares et que la population a augmenté de 25,000 âmes.

Des terrains qui ne valaient, il y a dix ans, que 0,10 centimes, 1 franc, 5 francs et 20 francs le mètre, se sont vendus depuis : 2 francs, 5 francs, 20 francs et jusqu'à 100 francs le mètre.

La fortune publique s'est accrue de plus de Dix millions de francs.

Il en sera de même après l'exécution du projet.

Les Huit millions dépensés en produiront Quarante.

La banlieue profitera du Parc aux fourrages, de la Remonte et des Ateliers de l'Artillerie.

Le Boulevard d'Iéna se peuplera par le Quartier de Cavalerie.

Le Plateau du Village-Nègre sera occupé par le Quartier de l'Artillerie et du Train des Équipages.

Le Boulevard du Nord assainira et transformera la Vieille-Mosquée, depuis la Rue Philippe jusqu'à Miramar.

Le Boulevard des Chasseurs créera une promenade magnifique au milieu de Karguentah.

Enfin, le Boulevard Malakoff ranimera la Marine et doublera la valeur d'Eckmühl.

Les quatre coins de la Ville bénéficieront de nos embellissements. La plus-value partielle contribuera à la plus-value générale.

La population s'augmentera de l'élément étranger et hivernal. Le prochain recensement dépassera 100,000 habitants. Ce ne sera certainement pas le dernier mot. Oran est encore en formation : un immense chantier de construction en pleine prospérité !

La Municipalité qui aura favorisé nos grands travaux, sans bourse délier, au lieu d'avoir des charges onéreuses, verra ses revenus s'accroître considérablement et lui donner des bénéfices réels.

Nous ne terminerons pas ce travail préparatoire, sans rendre justice au puissant concours de la Représentation Oranaise, à la Municipalité, aux Ponts et Chaussées, au Génie, dont les Chefs nous ont tous écouté avec bienveillance et qui ont compris que nous voulions faire grand, sans exiger aucun sacrifice de la Ville ou de l'État.

Les promoteurs du projet ont eu, comme nous, confiance dans l'avenir, parce qu'ils savent qu'Oran n'est pas une Ville ordinaire de la Vieille France, ni même de sa fille aînée l'Algérie ; mais une cité de la jeune et puissante Amérique. Il faut donc seconder son essor illimité et lui donner le cadre qui convient à son développement futur !

Oran *for ever* ! En Avant ! ! !

Oran, le 30 Mai 1891.

ÉMILE CAYLA.

www.ingramcontent.com/pod-product-compliance
Ingram Content Group UK Ltd.
Pitfield, Milton Keynes, MK11 3LW, UK
UKHW022155190726
13855UKWH00004B/1496